JIANGXI PROVINCE WATER RESOURCES BULLETIN

江西省水资源公报

2024

江西省水利厅　编

中国水利水电出版社
www.waterpub.com.cn
·北京·

图书在版编目（CIP）数据

江西省水资源公报. 2024 / 江西省水利厅编.
北京 ： 中国水利水电出版社，2025. 3. -- ISBN 978-7
-5226-3397-8

Ⅰ. TV211

中国国家版本馆CIP数据核字第2025V6N188号

审图号：赣 S（2025）006 号

书　　名	江西省水资源公报 2024 JIANGXI SHENG SHUIZIYUAN GONGBAO 2024	
作　　者	江西省水利厅 编	
出版发行	中国水利水电出版社	
	（北京市海淀区玉渊潭南路 1 号 D 座　100038）	
	网址：www.waterpub.com.cn	
	E-mail：sales@mwr.gov.cn	
	电话：（010）68545888（营销中心）	
经　　售	北京科水图书销售有限公司	
	电话：（010）68545874、63202643	
	全国各地新华书店和相关出版物销售网点	
排　　版	中国水利水电出版社装帧出版部	
印　　刷	北京科信印刷有限公司	
规　　格	210mm×285mm　16 开本　2.5 印张　60 千字	
版　　次	2025 年 3 月第 1 版　2025 年 3 月第 1 次印刷	
定　　价	48.00 元	

编写说明

1.《江西省水资源公报2024》（以下简称《公报》）中涉及的数据来源于经济社会发展统计与监测统计的分析成果。

2.《公报》中用水总量按《用水统计调查制度》的要求进行数据统计，根据《用水总量核算工作实施方案》进行用水量核算。

3.《公报》中多年平均值统一采用1956—2016年水文系列平均值。

4.《公报》中部分数据合计数、比较率因单位取舍不同而产生的计算误差，未作调整。

5.《公报》中涉及的定义如下：

（1）地表水资源量：指河流、湖泊、冰川等地表水体逐年更新的动态水量，即当地天然河川径流量。

（2）地下水资源量：指地下饱和含水层逐年更新的动态水量，即降水和地表水入渗对地下水的补给量。

（3）水资源总量：指当地降水形成的地表和地下产水总量，即地表径流量与降水入渗补给量之和。

（4）供水量：指各种水源提供的包括输水损失在内的水量之和，分地表水源、地下水源和非常规水源供水量。地表水源供水量指地表水工程的取水量，按蓄水工程、引水工程、提水工程、调水工程四种形式统计；地下水源供水量指水井工程的开采量，按浅层和深层分别统计；非常规水源指经处理后可以利用或在一定条件下可直接利用的再生水、集蓄雨水、淡化海水、微咸水和矿坑（井）水等。

（5）用水量：指各类河道外用水户取用的包括输水损失在内的毛用水量之和，按生活用水、工业用水、农业用水和人工生态环境补水四大类用户统计，不包括海水直接利用量以及水力发电、航运等河道内用水量。生活用水包括居民生活用水和公共设施用水（含第三产业及建筑业等用水）；工业用水指工矿企业用于生产生活的水量，包括主要生产用水、辅助生产用水（如机修、运输、空压站等）和附属生产用水（如绿化、办公室、浴室、食堂、厕所、保健站等），按新水取用量计，不包括企业内部的重复利用水量；农业用水包括耕地和林地、园地、牧草地灌溉用水，鱼塘补水及畜禽用水；人工生态环境补水包括城乡环境用水以及具有人工补水工程和明确补水目标的河湖、湿地补水等，不包括降水、径流自然满足的水量。

（6）耗水量：指在输水、用水过程中，通过蒸腾蒸发、土壤吸收、产品吸附、居民和牲畜饮用等多种途径消耗掉，而不能回归到地表水体和地下水含水层的水量。

（7）耗水率：指用水消耗量占用水量的百分比。

（8）农田灌溉水有效利用系数：指灌入田间蓄积于土壤根系层中可供作物利用的水量与灌溉毛用水量的比值。

6.《公报》由江西省水利厅组织编制，参加编制的单位包括江西省水文监测中心、江西省灌溉试验中心站、江西省各流域水文水资源监测中心。

目 录

contents

一、概述

　　江西省位于长江中下游南岸，土地面积为 16.69 万 km²。全省多年平均年降水量为 1646mm，多年平均水资源总量为 1569 亿 m³。《公报》按水资源分区和行政分区分别分析 2024 年度江西省水资源及其开发利用情况。

（一）水资源量

　　2024 年，全省平均年降水量为 1880mm，比多年平均值多 14.2%。全省地表水资源量为 2039.72 亿 m³，比多年平均值多 31.4%。地下水资源量为 446.46 亿 m³，比多年平均值多 17.9%。水资源总量为 2059.72 亿 m³，比多年平均值多 31.3%。

（二）蓄水动态

　　2024 年年末，全省 36 座大型水库、264 座中型水库蓄水总量为 119.73 亿 m³，比年初减少 6.78 亿 m³，年均蓄水量为 132.53 亿 m³。

（三）水资源开发利用

　　2024 年，全省供水总量为 238.16 亿 m³，占全年水资源总量的 11.6%。其中，地表水源供水量为 232.37 亿 m³，地下水源供水量为 2.12 亿 m³，非常规水源供水量为 3.67 亿 m³。全省用水总量为 238.16 亿 m³，其中，农业用水占 69.6%，工业用水占 15.9%，居民生活用水占 9.3%，公共设施用水占 3.3%，人工生态环境补水量占 1.9%。全省耗水总量为 112.87 亿 m³，综合耗水率为 47.4%。

全省人均综合用水量为 529m³，万元地区生产总值（当年价）用水量 为 70m³，万元工业增加值（当年价）用水量为 33.6m³，耕地实际灌溉亩均用水量为 549m³，农田灌溉水有效利用系数为 0.547，林地灌溉亩均用水量为 167m³，园地灌溉亩均用水量为 181m³，鱼塘补水亩均用水量为 261m³，人均生活用水量为 183L/d，人均城乡居民用水量为 135L/d。

（四）用水总量和用水效率控制指标执行情况

2024 年，全省用水总量 238.16 亿 m³，折减后的用水总量为 215.33 亿 m³，优于 2024 年控制指标（262.32 亿 m³）要求。

全省万元地区生产总值用水量（可比价）较 2020 年降低 22.0%，年度控制指标为 17.0%；万元工业增加值用水量（可比价）较 2020 年降低 53.9%，年度控制指标为 16.0%；非常规水源利用量为 3.67 亿 m³，年度控制指标为 3.36 亿 m³；农田灌溉水有效利用系数为 0.547，年度控制指标为 0.526；用水效率指标和非常规水源最低利用量均达到年度控制指标要求。

二、水资源量

（一）降水量

　　2024 年江西省年降水量❶为 1880mm，折合降水总量为 3138.47 亿 m³。在空间分布上，江西省降水高值区主要位于赣州南部珠江流域和江西省东北部，降水低值区主要位于赣北长江干流、赣中南盆地地区。2024 年江西省年降水量等值线见图 1；2024 年江西省年降水量距平❷见图 2。在时间分布上，江西省 2024 年逐月降水量分布不均，4 月降水量突破历史纪录。2024 年江西省月降水量变化与 2023 年和多年平均值比较见图 3。1956—2024 年江西省年降水量变化见图 4。

　　从行政分区看，2024 年年降水量最多的是鹰潭市，为 2157mm；最少的是新余市，为 1680mm。与 2023 年比较，新余市降水减少 4.7%；其余设区市均增多，其中以九江市增多 37.1% 为最大。与多年平均值比较，各设区市均增多，其中以上饶市增多 19.7% 为最大。2024 年江西省行政分区年降水量见表 1。

---

❶ 依据 1085 个雨量站观测资料分析计算得到。
❷ 指当年降水量与多年平均值的差除以多年平均值（%）。

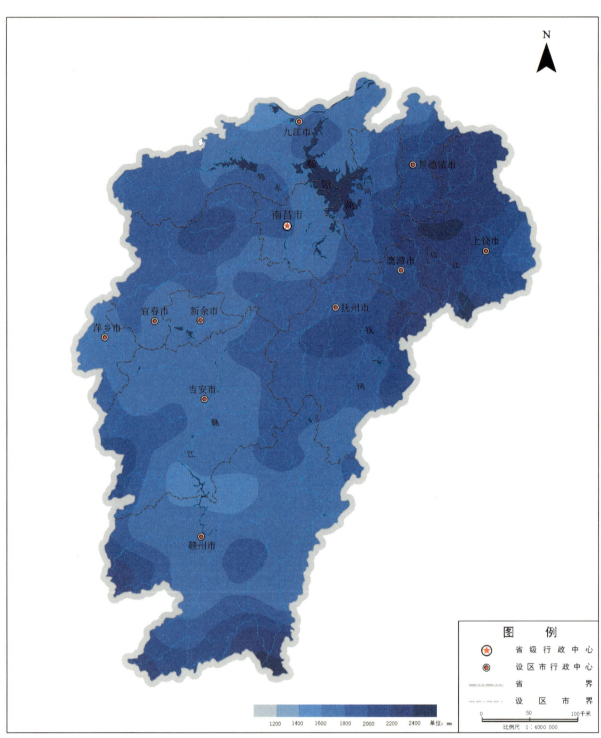

审图号：赣S（2025）006号

附注：图内所有界线不作为划界依据

图 1　2024 年江西省年降水量等值线图

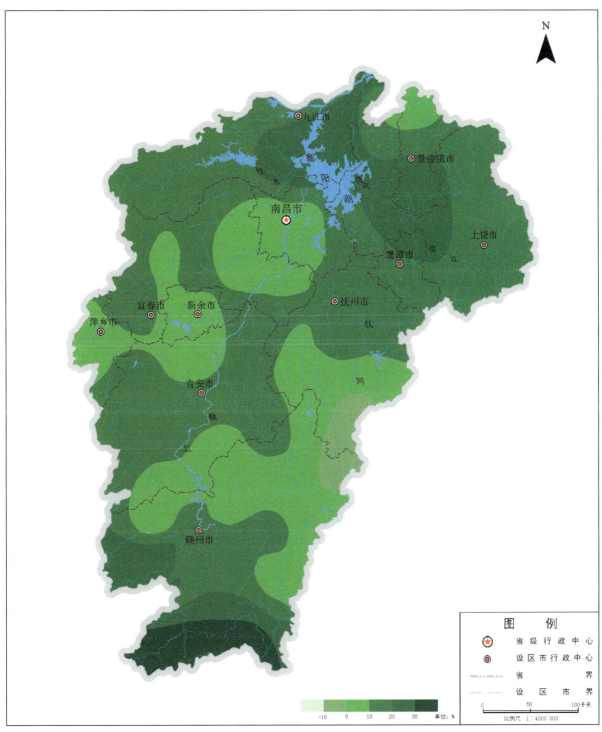

审图号：赣 S（2025）006 号　　　　　　　　　　　　　　附注：图内所有界线不作为划界依据

图 2　2024 年江西省年降水量距平图

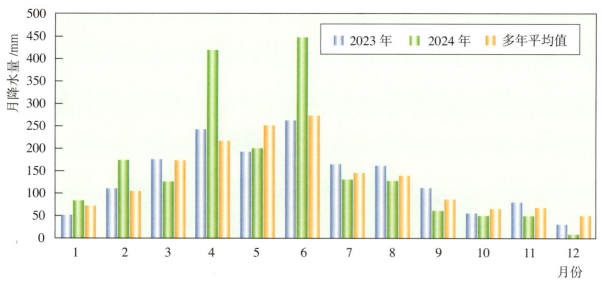

图 3　2024 年江西省月降水量变化与 2023 年和多年平均值比较图

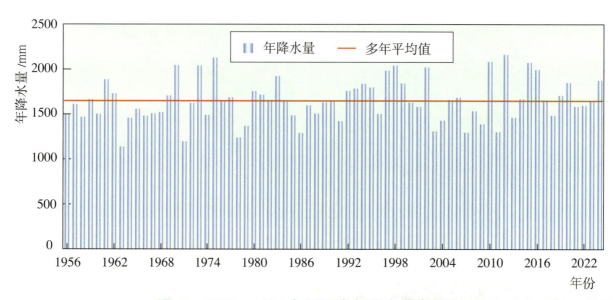

图 4　1956—2024 年江西省年降水量变化图

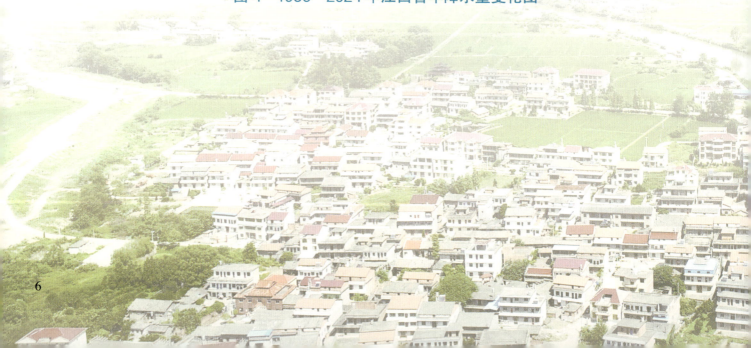

表 1　2024 年江西省行政分区年降水量

行政分区	2024 年 降水量 /mm	2023 年 降水量 /mm	与 2023 年 比较 /%	与多年平均值 比较 /%
南昌市	1740	1445	20.4	10.7
景德镇市	2076	1745	19.0	14.4
萍乡市	1712	1640	4.4	7.0
九江市	1798	1312	37.1	19.2
新余市	1680	1762	-4.7	5.4
鹰潭市	2157	1952	10.5	14.4
赣州市	1819	1542	18.0	14.3
吉安市	1768	1608	10.0	12.8
宜春市	1872	1704	9.9	12.1
抚州市	1950	1927	1.2	10.6
上饶市	2139	1811	18.1	19.7
全省	1880	1642	14.5	14.2

　　从水资源分区看，年降水量最大的是韩江及粤东诸河（白莲以上至汀江、梅江），为 2692mm；最小的是长江干流城陵矶至湖口右岸区（赤湖），为 1606mm。与 2023 年比较，所有分区年降水量均增多，其中以韩江及粤东诸河（白莲以上至汀江、梅江）增多 51.2% 为最大。与多年平均值比较，所有分区年降水量均增多，其中以韩江及粤东诸河增多 62.1% 为最大。2024 年江西省水资源分区年降水量见表 2。

表 2　2024 年江西省水资源分区年降水量

水资源分区	2024 年降水量/mm	2023 年降水量/mm	与 2023 年比较/%	与多年平均值比较/%
1. 长江流域	1872	1640	14.1	13.7
（1）鄱阳湖水系	1879	1650	13.9	13.7
1）赣江（外洲以上）	1780	1597	11.5	11.8
赣江上游（栋背以上）	1765	1543	14.4	11.4
赣江中游（栋背至峡江）	1792	1593	12.5	13.3
赣江下游（峡江至外洲）	1797	1716	4.7	10.9
2）抚河（李家渡以上）	1936	1915	1.1	10.2
3）信江（梅港以上）	2164	1897	14.1	15.5
4）饶河（石镇街、古县渡以上）	2198	1855	18.5	18.7
5）修水（永修以上）	1884	1445	30.4	14.5
6）鄱阳湖环湖区	1831	1503	21.9	18.9
（2）洞庭湖水系	1689	1582	6.8	5.5
（3）长江干流城陵矶至湖口右岸区（赤湖）	1606	1208	33.0	12.2
（4）长江干流湖口以下右岸区（彭泽区）	1814	1376	31.8	28.3
2. 珠江流域	2227	1689	31.8	37.5
（1）北江（大坑口以上至浈水）	2000	1737	15.2	32.3
（2）东江（秋香江口以上至东江上游）	2210	1685	31.2	36.6
（3）韩江及粤东诸河（白莲以上至汀江、梅江）	2692	1781	51.2	62.1
3. 东南诸河（钱塘江至富春江水库上游）	2072	1897	9.2	15.2
全省	1880	1642	14.5	14.2

（二）地表水资源量

2024 年江西省地表水资源量为 2039.72 亿 m³，折合年径流深为 1221.8mm，比 2023 年多 46.8%，比多年平均值多 31.4%。

从行政分区看，与 2023 年比较，各设区市地表水资源量均增多，其中以九江市增多 113.3% 为最大。与多年平均值比较，各设区市地表水资源量均增多，其中以上饶市增多 46.1% 为最大。2024 年江西省行政分区地表水资源量见表 3，2024 年江西省行政分区地表水资源量与 2023 年和多年平均值比较见图 5。

表 3　2024 年江西省行政分区地表水资源量

行政分区	2024 年地表水资源量 / 亿 m³	2023 年地表水资源量 / 亿 m³	与 2023 年比较 /%	与多年平均值比较 /%
南昌市	87.00	74.19	17.3	40.4
景德镇市	75.63	42.40	78.4	42.8
萍乡市	45.09	38.48	17.2	23.5
九江市	214.36	100.52	113.3	44.9
新余市	36.54	29.83	22.5	25.4
鹰潭市	52.87	36.71	44.0	26.1
赣州市	424.89	277.22	53.3	25.9
吉安市	269.21	197.02	36.6	18.6
宜春市	243.00	176.73	37.5	36.3
抚州市	239.02	194.49	22.9	20.5
上饶市	352.11	221.69	58.8	46.1
全省	2039.72	1389.28	46.8	31.4

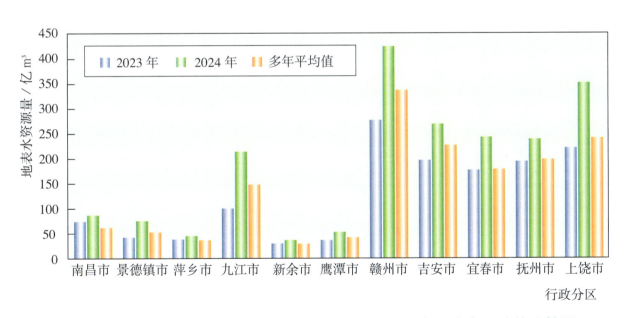

图 5　2024 年江西省行政分区地表水资源量与 2023 年和多年平均值比较图

从水资源分区看，与 2023 年比较，各分区地表水资源量均增多，其中以长江干流湖口以下右岸区增多 149.5% 为最大。与多年平均值比较，各分区地表水资源量均增多，其中以鄱阳湖环湖区增多 61.3% 为最大。2024 年江西省水资源分区地表水资源量见表 4。

从出入境水量看，2024 年，外省流入江西省境内的水量为 68.73 亿 m³，其中，福建省流入 13.45 亿 m³，湖南省流入 8.92 亿 m³，广东省流入 2.96 亿 m³，浙江省流入 8.27 亿 m³，安徽省流入 35.13 亿 m³。

从江西省流出的水量（不包括从湖口流入长江的水量）为 114.95 亿 m³。其中，从萍乡市、宜春市流出至湖南省的水量为 25.11 亿 m³，从九江市流出至湖南省的水量为 3.15 亿 m³，从九江市流出至湖北省的水量为 4.32 亿 m³，从九江市流出至长江的水量为 36.15 亿 m³，从上饶市流出至浙江省的水量为 1.37 亿 m³，从赣州市流出至广东省的水量 44.85 亿 m³。

表 4　2024 年江西省水资源分区地表水资源量

水资源分区	2024 年地表水资源量/亿 m³	2023 年地表水资源量/亿 m³	与 2023 年比较 /%	与多年平均值比较 /%
1.长江流域	1992.53	1360.22	46.5	31.1
（1）鄱阳湖水系	1921.46	1314.05	46.2	31.0
1）赣江（外洲以上）	875.87	620.45	41.2	24.0
赣江上游（栋背以上）	411.05	276.11	48.9	23.5
赣江中游（栋背至峡江）	241.93	175.85	37.6	17.7
赣江下游（峡江至外洲）	222.89	168.49	32.3	32.5
2）抚河（李家渡以上）	197.67	160.62	23.1	19.8
3）信江（梅港以上）	227.16	157.55	44.2	29.7
4）饶河（石镇街、古县渡以上）	186.58	104.74	78.1	44.9
5）修水（永修以上）	179.11	90.96	96.9	34.5
6）鄱阳湖环湖区	255.07	179.73	41.9	61.3
（2）洞庭湖水系	30.34	25.43	19.3	24.5
（3）长江干流城陵矶至湖口右岸区（赤湖）	24.31	14.16	71.7	33.4
（4）长江干流湖口以下右岸区（彭泽区）	16.42	6.58	149.5	57.4
2.珠江流域	45.78	27.96	63.7	44.5
（1）北江（大坑口以上至浈水）	0.49	0.28	75.0	47.9
（2）东江（秋香江口以上至东江上游）	43.56	26.48	64.5	44.9
（3）韩江及粤东诸河（白莲以上至汀江、梅江）	1.73	1.20	44.2	35.6
3.东南诸河（钱塘江至富春江水库上游）	1.41	1.10	28.2	28.10
全省	2039.72	1389.28	46.8	31.4

　　2024年湖口水文站实测从湖口流入长江的水量为1918.00亿m³。2024年江西省出入境水量分布见图6。

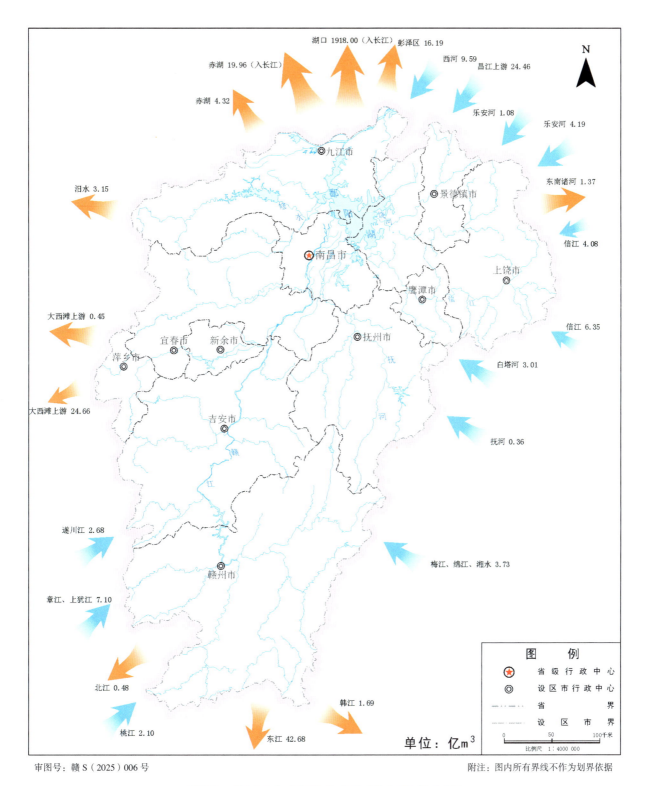

图6　2024年江西省出入境水量分布图

（三）地下水资源量

2024 年江西省地下水资源量为 446.46 亿 m³，比 2023 年多 30.8%，比多年平均值多 17.9%。平原区地下水资源量为 42.18 亿 m³，其中，降水入渗补给量为 37.07 亿 m³，地表水体入渗补给量为 5.11 亿 m³；山丘区地下水资源量为 405.32 亿 m³；平原区与山丘区地下水资源重复计算量为 1.04 亿 m³。2024 年江西省地下水资源量组成见图 7。

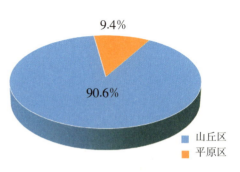

图 7　2024 年江西省地下水资源量组成图

（四）水资源总量

2024 年江西省水资源总量为 2059.72 亿 m³，比 2023 年多 46.1%，比多年平均值多 31.3%。地下水与地表水资源不重复量为 20.00 亿 m³。全省水资源总量占降水总量的 65.63%，单位面积产水量为 123.37 万 m³/km²。2024 年江西省行政分区水资源总量见表 5，2024 年江西省水资源分区水资源总量见表 6，1956—2024 年江西省水资源总量变化见图 8。

表 5　2024 年江西省行政分区水资源总量

行政分区	地表水资源量 / 亿 m³	地下水资源量 / 亿 m³	地下水与地表水资源不重复量 / 亿 m³	水资源总量 / 亿 m³	与 2023 年比较 /%	与多年平均值比较 /%
南昌市	87.00	17.31	3.74	90.74	16.2	37.7
景德镇市	75.63	13.89	0	75.63	78.4	42.8
萍乡市	45.09	12.38	0	45.09	17.2	23.5
九江市	214.36	39.42	6.98	221.34	105.7	44.4
新余市	36.54	9.50	0	36.54	22.5	25.4
鹰潭市	52.87	11.54	0.09	52.96	43.9	26.1
赣州市	424.89	99.12	0	424.89	53.3	25.9
吉安市	269.21	62.28	0	269.21	36.6	18.6
宜春市	243.00	55.68	3.19	246.19	37.0	36.2
抚州市	239.02	60.73	0.02	239.04	22.9	20.5
上饶市	352.11	64.61	5.98	358.09	57.2	45.8
全省	2039.72	446.46	20.00	2059.72	46.1	31.3

表 6　2024 年江西省水资源分区水资源总量

水资源分区	地表水资源量 / 亿 m³	地下水资源量 / 亿 m³	地下水与地表水资源不重复量 / 亿 m³	水资源总量 / 亿 m³	与 2023 年比较 /%	与多年平均值比较 /%
1.长江流域	1992.53	436.16	20.00	2012.53	45.8	31.0
(1) 鄱阳湖水系	1921.46	422.89	20.00	1941.46	45.5	30.9
1) 赣江（外洲以上）	875.87	205.97	0	875.87	41.2	24.0
赣江上游（栋背以上）	411.05	98.88	0	411.05	48.9	23.5
赣江中游（栋背至峡江）	241.93	56.79	0	241.93	37.6	17.7
赣江下游（峡江至外洲）	222.89	50.30	0	222.89	32.3	32.5
2) 抚河（李家渡以上）	197.67	50.12	0	197.67	23.1	19.8
3) 信江（梅港以上）	227.16	49.54	0	227.16	44.2	29.7
4) 饶河（石镇街、古县渡以上）	186.58	33.88	0	186.58	78.1	44.9
5) 修水（永修以上）	179.11	42.24	0	179.11	96.9	34.5
6) 鄱阳湖环湖区	255.07	41.14	20.00	275.07	37.5	57.6
(2) 洞庭湖水系	30.34	8.07	0	30.34	19.3	24.5
(3) 长江干流城陵矶至湖口右岸区（赤湖）	24.31	3.54	0	24.31	71.7	33.4
(4) 长江干流湖口以下右岸区（彭泽区）	16.42	1.66	0	16.42	149.5	57.4
2.珠江流域	45.78	9.97	0	45.78	63.7	44.5
(1) 北江（大坑口以上至浈水）	0.49	0.10	0	0.49	75.0	47.9
(2) 东江（秋香江口以上至东江上游）	43.56	9.48	0	43.56	64.5	44.9
(3) 韩江及粤东诸河（白莲以上至汀江、梅江）	1.73	0.39	0	1.73	44.2	35.6
3.东南诸河（钱塘江至富春江水库上游）	1.41	0.33	0	1.41	28.2	28.1
全省	2039.72	446.46	20.00	2059.72	46.1	31.3

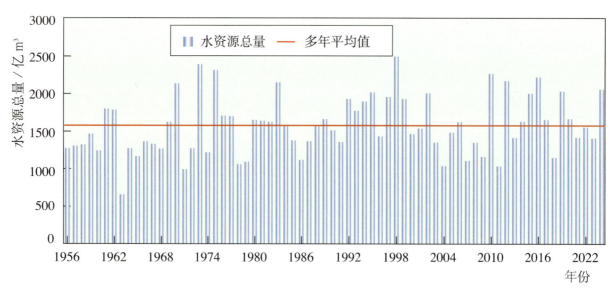

图 8　1956—2024 年江西省水资源总量变化图

三、蓄水动态

2024 年年末，江西省 36 座大型水库、264 座中型水库蓄水总量为 119.73 亿 m³，比年初减少 6.78 亿 m³，其中，大型水库年末蓄水总量为 97.11 亿 m³，比年初减少 3.14 亿 m³；中型水库年末蓄水总量为 22.62 亿 m³，比年初减少 3.64 亿 m³。2024 年江西省大中型水库年均蓄水量为 132.53 亿 m³，其中，大型水库年均蓄水量为 101.77 亿 m³，中型水库年均蓄水量为 30.76 亿 m³。2024 年江西省行政分区大中型水库蓄水动态见表7，2024 年江西省水资源分区大中型水库蓄水动态见表8。

表 7　2024 年江西省行政分区大中型水库蓄水动态

行政分区	大型水库					中型水库				
	水库座数/座	年初蓄水总量/亿 m³	年末蓄水总量/亿 m³	蓄水变量/亿 m³	年均蓄水量/亿 m³	水库座数/座	年初蓄水总量/亿 m³	年末蓄水总量/亿 m³	蓄水变量/亿 m³	年均蓄水量/亿 m³
南昌市	0	0	0	0	0	7	0.40	0.32	−0.08	0.53
景德镇市	2	1.36	1.14	−0.22	1.63	6	0.23	0.18	−0.05	0.12
萍乡市	1	0.71	0.73	0.02	0.76	7	0.44	0.41	−0.03	0.57
九江市	2	46.49	45.54	−0.95	47.56	27	3.12	3.06	−0.06	3.79
新余市	1	2.90	2.63	−0.27	2.88	6	0.27	0.23	−0.04	0.38
鹰潭市	1	0.45	0.40	−0.05	0.42	10	1.01	0.66	−0.35	1.06
赣州市	6	9.38	8.64	−0.74	9.99	47	6.11	6.06	−0.05	6.60
吉安市	10	25.85	25.85	0	24.15	40	3.00	2.54	−0.46	3.84
宜春市	6	3.38	2.91	−0.47	3.84	47	4.38	3.36	−1.02	5.03
抚州市	2	5.68	4.69	−0.99	5.16	28	3.36	2.81	−0.55	3.99
上饶市	5	4.05	4.58	0.53	5.38	39	3.94	2.99	−0.95	4.85
全省	36	100.25	97.11	−3.14	101.77	264	26.26	22.62	−3.64	30.76

注　1. 水库座数以水库蓄水为标准统计。
　　2. 年均蓄水量采用各月月末蓄水量的均值。
　　3. 蓄水变量＝年末蓄水总量−年初蓄水总量。

表8 2024年江西省水资源分区大中型水库蓄水动态

水资源分区	大型水库					中型水库				
	水库座数/座	年初蓄水总量/亿m³	年末蓄水总量/亿m³	蓄水变量/亿m³	年均蓄水量/亿m³	水库座数/座	年初蓄水总量/亿m³	年末蓄水总量/亿m³	蓄水变量/亿m³	年均蓄水量/亿m³
1.长江流域	36	100.25	97.11	−3.14	101.77	257	25.01	21.26	−3.75	29.44
(1)鄱阳湖水系	36	100.25	97.11	−3.14	101.77	245	24.25	20.42	−3.83	28.35
1)赣江(外洲以上)	21	40.96	39.77	−1.19	40.04	123	10.34	9.54	−0.80	12.49
赣江上游(栋背以上)	7	19.58	19.54	−0.04	18.97	42	5.13	4.97	−0.16	5.52
赣江中游(栋背至峡江)	8	13.72	13.04	−0.68	13.33	39	2.82	2.37	−0.45	3.62
赣江下游(峡江至外洲)	6	7.66	7.19	−0.47	7.74	42	2.39	2.20	−0.19	3.35
2)抚河(李家渡以上)	2	5.68	4.69	−0.99	5.16	20	2.44	1.90	−0.54	2.80
3)信江(梅港以上)	4	3.88	3.86	−0.02	4.60	34	4.01	3.11	−0.90	4.80
4)饶河(石镇街、古县渡以上)	3	1.65	1.54	−0.11	2.17	14	0.87	0.80	−0.07	1.06
5)修水(永修以上)	3	46.88	45.98	−0.90	48.20	19	3.79	3.25	−0.54	4.03
6)鄱阳湖环湖区	3	1.20	1.27	0.07	1.60	35	2.79	1.82	−0.97	3.17
(2)洞庭湖水系	0	0	0	0	0	5	0.31	0.29	−0.02	0.42
(3)长江干流城陵矶至湖口右岸区(赤湖)	0	0	0	0	0	3	0.18	0.12	−0.06	0.19
(4)长江干流湖口以下右岸区(彭泽区)	0	0	0	0	0	4	0.27	0.43	0.16	0.48
2.珠江流域	0	0	0	0	0	7	1.25	1.36	0.11	1.32
(1)北江(大坑口以上至浈水)	0	0	0	0	0	0	0	0	0	0
(2)东江(秋香江口以上至东江上游)	0	0	0	0	0	7	1.25	1.36	0.11	1.32
(3)韩江及粤东诸河(白莲以上至汀江、梅江)	0	0	0	0	0	0	0	0	0	0
3.东南诸河(钱塘江至富春江水库上游)	0	0	0	0	0	0	0	0	0	0
全省	36	100.25	97.11	−3.14	101.77	264	26.26	22.62	−3.64	30.76

注 1.水库座数以水库蓄水为标准统计。
　　2.年均蓄水量采用各月月末蓄水量的均值。
　　3.蓄水变量＝年末蓄水总量−年初蓄水总量。

四、水资源开发利用

（一）供水量

2024 年江西省供水总量为 238.16 亿 m³，占全年水资源总量的 11.6%。其中，地表水源供水量为 232.37 亿 m³，地下水源供水量为 2.12 亿 m³，非常规水源供水量为 3.67 亿 m³。2024 年江西省行政分区供水量见表 9，2024 年江西省水资源分区供水量见表 10。与 2023 年比较，江西省供水总量减少 2.49 亿 m³，其中，地表水源供水量减少 2.29 亿 m³，地下水源供水量减少 0.45 亿 m³，非常规水源供水量增加 0.25 亿 m³。在地表水源供水量中，蓄水工程供水量为 112.47 亿 m³，占 48.4%；引水工程供水量为 48.83 亿 m³，占 21.0%；提水工程供水量为 70.64 亿 m³，占 30.4%；调水工程供水量为 0.43 亿 m³，占 0.2%。2024 年江西省行政分区供水量组成见图 9，2024 年江西省水资源分区供水量组成见图 10。

表 9　2024 年江西省行政分区供水量　　　　　单位：亿 m³

行政分区	地表水源供水量					地下水源供水量	非常规水源供水量	供水总量
	蓄水	引水	提水	调水	小计			
南昌市	4.84	14.88	8.95	0	28.67	0.42	0.33	29.42
景德镇市	4.40	0.63	1.86	0	6.89	0.04	0.05	6.98
萍乡市	2.19	2.41	0.70	0.43	5.73	0.10	0.22	6.05
九江市	10.18	1.52	10.09	0	21.79	0.12	0.26	22.17
新余市	2.38	2.92	1.20	0	6.50	0.06	0.13	6.69
鹰潭市	1.88	1.33	2.77	0	5.98	0.08	0.10	6.16
赣州市	17.53	7.54	5.48	0	30.55	0.19	1.19	31.93
吉安市	20.05	4.20	5.33	0	29.58	0.16	0.21	29.95
宜春市	23.13	3.65	18.05	0	44.83	0.53	0.25	45.61
抚州市	9.40	4.84	7.07	0	21.31	0.06	0.68	22.05
上饶市	16.44	4.91	9.14	0	30.49	0.36	0.25	31.10
赣江新区	0.05	0	0	0	0.05	0	0	0.05
全省	112.47	48.83	70.64	0.43	232.37	2.12	3.67	238.16

表10 2024年江西省水资源分区供水量   单位：亿 m³

水资源分区	地表水源供水量					地下水源供水量	非常规水源供水量	供水总量
	蓄水	引水	提水	跨流域调水	小计			
1. 长江流域	111.65	47.45	70.43	0.43	229.96	2.11	3.57	235.64
(1) 鄱阳湖水系	108.01	45.25	62.9	0	216.16	1.99	3.21	221.36
1) 赣江（外洲以上）	57.44	17.31	29.49	0	104.24	0.81	1.68	106.73
赣江上游（栋背以上）	18.82	6.87	5.53	0	31.22	0.19	1.10	32.51
赣江中游（栋背至峡江）	16.85	3.88	4.93	0	25.66	0.16	0.17	25.99
赣江下游（峡江至外洲）	21.77	6.56	19.03	0	47.36	0.46	0.41	48.23
2) 抚河（李家渡以上）	7.84	4.37	6.47	0	18.68	0.05	0.68	19.41
3) 信江（梅港以上）	10.14	4.06	5.97	0	20.17	0.23	0.26	20.66
4) 饶河（石镇街、古县渡以上）	8.00	1.47	3.88	0	13.35	0.14	0.09	13.58
5) 修水（永修以上）	7.43	1.72	2.09	0	11.24	0.08	0.07	11.39
6) 鄱阳湖环湖区	17.16	16.32	15.00	0	48.48	0.68	0.43	49.59
(2) 洞庭湖水系	1.37	1.69	0.68	0.43	4.17	0.09	0.17	4.43
(3) 长江干流城陵矶至湖口右岸区（赤湖）	1.26	0.26	6.16	0	7.68	0.03	0.12	7.83
(4) 长江干流湖口以下右岸区（彭泽区）	1.01	0.25	0.69	0	1.95	0	0.07	2.02
2. 珠江流域	0.81	1.31	0.21	0	2.33	0.01	0.10	2.44
(1) 北江（大坑口以上至浈水）	0.02	0	0	0	0.02	0	0	0.02
(2) 东江（秋香江口以上至东江上游）	0.76	1.26	0.21	0	2.23	0.01	0.10	2.34
(3) 韩江及粤东诸河（白莲以上至汀江、梅江）	0.03	0.05	0	0	0.08	0	0	0.08
3. 东南诸河（钱塘江至富春江水库上游）	0.01	0.07	0	0	0.08	0	0	0.08
全省	112.47	48.83	70.64	0.43	232.37	2.12	3.67	238.16

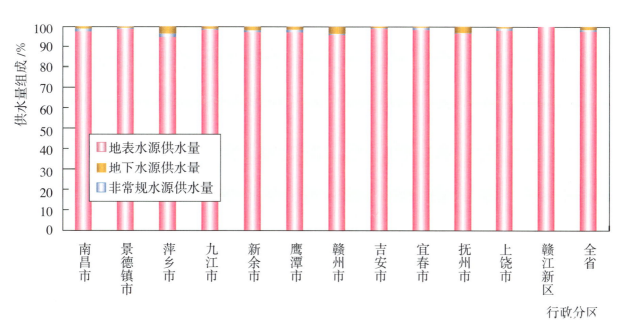

图 9 2024 年江西省行政分区供水量组成图

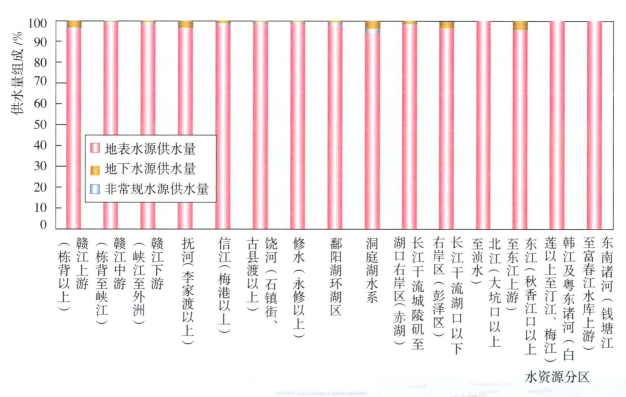

图 10 2024 年江西省水资源分区供水量组成图

（二）用水量

2024 年江西省用水总量为 238.16 亿 m³，比 2023 年减少 2.49 亿 m³。2024 年江西省行政分区和水资源分区用水量分别见表 11 和表 12，2024 年江西省用水量组成与 2023 年对比见图 11，2024 年江西省行政分区用水量与 2023 年对比见图 12。

2024 年江西省用水量具体如下：

（1）农业用水量为 165.74 亿 m³，较 2023 年减少 3.42 亿 m³。

（2）工业用水量为 37.84 亿 m³，较 2023 年减少 0.08 亿 m³。其中，火电工业用水量为 22.95 亿 m³，较 2023 年增加 0.90 亿 m³；非火电工业用水量为 14.89 亿 m³，较 2023 年减少 0.98 亿 m³。

（3）生活用水量为 30.08 亿 m³，较 2023 年增加 0.56 亿 m³。其中，公共设施用水量为 7.97 亿 m³，较 2023 年增加 0.46 亿 m³；居民生活用水量为 22.11 亿 m³，较 2023 年增加 0.10 亿 m³，城镇居民生活用水量为 15.31 亿 m³，农村居民生活用水量为 6.80 亿 m³。

（4）人工生态环境补水量为 4.50 亿 m³，较 2023 年增加 0.45 亿 m³。其中，河湖补水为 2.35 亿 m³，较 2023 年增加 0.55 亿 m³。

表 11　2024 年江西省行政分区用水量　　　　单位：亿 m³

行政分区	农业用水量	工业用水量	生活用水量		人工生态环境补水量	用水总量
			公共设施用水量	居民生活用水量		
南昌市	17.61	4.17	2.17	3.04	2.43	29.42
景德镇市	4.62	0.81	0.52	0.98	0.05	6.98
萍乡市	3.78	0.95	0.23	0.98	0.11	6.05
九江市	12.07	6.51	0.56	2.74	0.29	22.17
新余市	4.96	0.93	0.19	0.54	0.07	6.69
鹰潭市	4.71	0.50	0.31	0.54	0.10	6.16
赣州市	24.15	1.90	0.99	4.53	0.36	31.93
吉安市	24.19	3.01	0.67	1.94	0.14	29.95
宜春市	25.65	16.51	0.90	2.14	0.41	45.61
抚州市	18.93	0.85	0.51	1.62	0.14	22.05
上饶市	25.07	1.67	0.92	3.04	0.40	31.10
赣江新区	0	0.03	0	0.02	0	0.05
全省	165.74	37.84	7.97	22.11	4.50	238.16

表 12　2024 年江西省水资源分区用水量　　　　单位：亿 m³

水资源分区	农业用水量	工业用水量	生活用水量		人工生态环境补水量	用水总量
			公共设施用水量	居民生活用水量		
1. 长江流域	163.69	37.76	7.88	21.82	4.49	235.64
（1）鄱阳湖水系	158.5	31.55	7.40	19.70	4.21	221.36
1）赣江（外洲以上）	71.76	22.51	2.49	9.05	0.92	106.73
赣江上游（栋背以上）	24.74	1.94	0.94	4.55	0.34	32.51
赣江中游（栋背至峡江）	20.67	2.85	0.64	1.66	0.17	25.99
赣江下游（峡江至外洲）	26.35	17.72	0.91	2.84	0.41	48.23
2）抚河（李家渡以上）	16.69	0.76	0.46	1.40	0.10	19.41
3）信江（梅港以上）	15.64	1.38	0.94	2.35	0.35	20.66
4）饶河（石镇街、古县渡以上）	9.87	1.43	0.67	1.48	0.13	13.58
5）修水（永修以上）	9.57	0.50	0.21	0.97	0.14	11.39
6）鄱阳湖环湖区	34.97	4.97	2.63	4.45	2.57	49.59
（2）洞庭湖水系	2.53	0.77	0.19	0.85	0.09	4.43
（3）长江干流城陵矶至湖口右岸区（赤湖）	1.59	4.66	0.25	1.15	0.18	7.83
（4）长江干流湖口以下右岸区（彭泽区）	1.07	0.78	0.04	0.12	0.01	2.02
2. 珠江流域	1.98	0.08	0.09	0.28	0.01	2.44
（1）北江（人坑口以上至浈水）	0.01	0	0	0.01	0	0.02
（2）东江（秋香江口以上至东江上游）	1.89	0.08	0.09	0.27	0.01	2.34
（3）韩江及粤东诸河（白莲以上至汀江、梅江）	0.08	0	0	0	0	0.08
3. 东南诸河（钱塘江至富春江水库上游）	0.07	0	0	0.01	0	0.08
全省	165.74	37.84	7.97	22.11	4.50	238.16

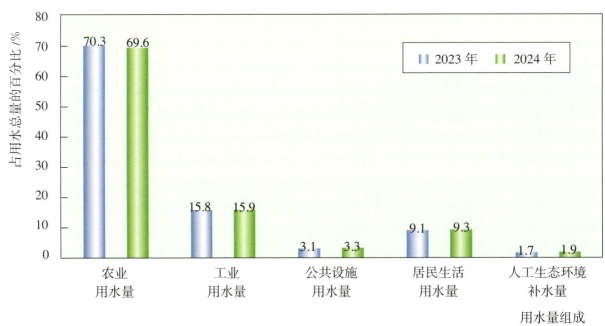

图 11　2024 年江西省用水量组成与 2023 年对比图

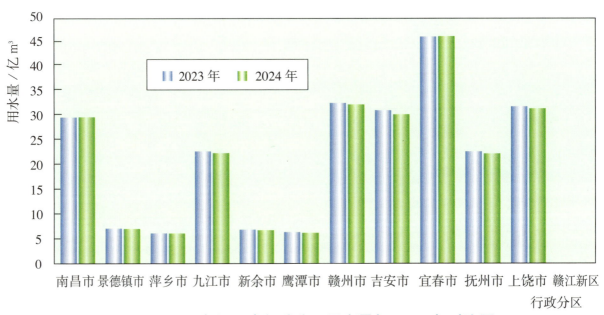

图 12　2024 年江西省行政分区用水量与 2023 年对比图

（三）耗水量

2024 年江西省耗水总量为 112.87 亿 m³，较 2023 年减少 2.13 亿 m³，综合耗水率为 47.4%。在耗水总量中，农业耗水量为 92.03 亿 m³，占耗水总量的 81.0%，耗水率为 55.5%；工业耗水量为 7.50 亿 m³，占耗水总量的 6.6%，耗水率为 19.8%；公共设施耗水量为 2.77 亿 m³，占耗水总量的 2.5%，耗水率为 34.8%；居民生活耗水量为 8.80 亿 m³，占耗水总量的 7.8%，耗水率为 39.8%；人工生态环境耗水量为 1.77 亿 m³，占耗水总量的 2.1%，耗水率为 39.2%。2024 年江西省分行业耗水量及耗水率见表 13，2024 年江西省行政分区耗水量及耗水率见表 14，2024 年江西省行政分区耗水率见图 13。

表 13　2024 年江西省分行业耗水量及耗水率

行业类别	耗水量 / 亿 m³	占耗水总量比例 /%	耗水率 /%
农业	92.03	81.0	55.5
工业	7.50	6.6	19.8
公共设施	2.77	2.5	34.8
居民生活	8.80	7.8	39.8
人工生态环境	1.77	2.1	39.2

表 14　2024 年江西省行政分区耗水量及耗水率

行政分区	耗水量 / 亿 m³	耗水率 /%
南昌市	13.79	46.9
景德镇市	3.49	50.0
萍乡市	2.98	49.1
九江市	9.43	42.5
新余市	3.38	50.5
鹰潭市	3.27	53.1
赣州市	17.13	53.6
吉安市	14.84	49.5
宜春市	15.59	34.2
抚州市	12.15	55.1
上饶市	16.78	53.9
赣江新区	0.05	48.8
全省	112.87	47.4

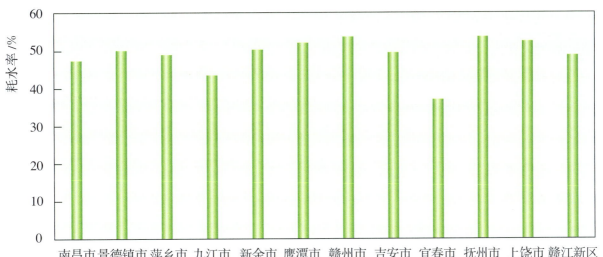

图 13　2024 年江西省行政分区耗水率

（四）用水指标

2024 年江西省人均综合用水量为 529m³，万元地区生产总值（当年价）用水量为 70m³，万元工业增加值（当年价）用水量为 33.6m³，耕地实际灌溉亩均用水量为 549m³，农田灌溉水有效利用系数为 0.547，林地灌溉亩均用水量为 167m³，园地灌溉亩均用水量为 181m³，鱼塘补水亩均用水量为 261m³，人均生活用水量（含公共用水）为 183L/d，人均城乡居民用水量为 135L/d。近十年全省万元地区生产总值用水量、万元工业增加值用水量呈下降趋势；2024 年，耕地实际灌溉亩均用水量呈下降趋势，人均用水量略有上升。近十年江西省主要用水指标的变化趋势见图 14。

图 14　近十年江西省主要用水指标的变化趋势图

受人口密度、经济结构、作物组成、节水水平、气候因素和水资源条件等多种因素的影响，全省各行政分区用水指标值差别较大。2024 年江西省行政分区主要用水指标见表 15。

表 15　2024 年江西省行政分区主要用水指标

行政分区	人均综合用水量 /m³	万元地区生产总值用水量 /m³	万元工业增加值用水量 /m³	耕地实际灌溉亩均用水量 /m³	人均生活用水量 /（L/d）	人均城乡居民用水量 /（L/d）
南昌市	441	39	20	588	213	125
景德镇市	431	59	18	601	253	165
萍乡市	337	50	24	575	184	149
九江市	493	55	48	468	200	166
新余市	560	59	27	597	167	124
鹰潭市	538	44	8	586	203	129
赣州市	356	65	13	563	169	139
吉安市	688	103	28	533	164	122
宜春市	931	123	126	541	170	119
抚州市	624	101	14	528	165	126
上饶市	490	84	14	565	170	131
全省	529	70	34	549	183	135

注　1. 万元地区生产总值用水量和万元工业增加值用水量指标按当年价格计算。
　　2. 人口采用常住人口。
　　3. 本表中"人均生活用水量"包括居民生活用水和公共设施用水（含第三产业及建筑业等用水），"人均城乡居民用水量"仅包括城乡居民家庭生活用水。

五、用水总量和用水效率控制指标执行情况

（一）2024 年度控制指标

按照国家下达的 2024 年控制指标和考核规定的年度目标计算方法，2024 年度江西省用水总量和用水效率控制目标是：用水总量控制在 262.32 亿 m³ 以内，万元地区生产总值用水量较 2020 年降低 17.0%，万元工业增加值用水量较 2020 年降低 16.0%，农田灌溉水有效利用系数达到 0.526。2024 年度江西省用水总量和用水效率控制目标执行情况良好，全省及各设区市折算后的用水总量和用水效率均在控制范围内。

（二）2024 年度目标完成情况

1. 用水总量

江西省用水总量为 238.16 亿 m³，按 98.5% 耗水量折减 2000 年以后投产的直流冷却火电用水量、按 100% 折减河湖补水用水量后，用水总量为 215.33 亿 m³。2024 年江西省行政分区用水总量控制指标完成情况见表 16。

2. 用水效率

（1）江西省万元地区生产总值用水量（可比价）较 2020 年降低 22.0%，年度控制指标为 17.0%。2024 年江西省行政分区万元地区生产总值用水量控制指标完成情况见表 17。

（2）江西省万元工业增加值用水量（可比价）较 2020 年降低 53.9%，年度控制指标为 16.0%。2024 年江西省行政分区万元工业增加值用水量控制指标完成情况见表 18。

（3）2024 年江西省非常规水源利用量为 3.67 亿 m³，年度控制指标为 3.36 亿 m³。2024 年江西省行政分区非常规水源利用量控制指标完成情况见表 19。

（4）江西省农田灌溉水有效利用系数为 0.547，年度控制目标为 0.526。2024 年江西省行政分区农田灌溉水有效利用系数控制指标完成情况见表 20。

表 16　2024 年江西省行政分区用水总量控制指标完成情况　单位：亿 m³

行政分区	2024 年用水总量	折算后的 2024 年用水总量	2024 年控制指标
南昌市	29.42	27.52	32.36
景德镇市	6.98	6.98	9.25
萍乡市	6.05	6.04	9.00
九江市	22.17	18.25	23.38
新余市	6.69	6.69	8.21
鹰潭市	6.16	6.15	9.85
赣州市	31.93	31.83	35.97
吉安市	29.95	27.76	31.91
宜春市	45.61	30.95	36.87
抚州市	22.05	22.01	24.80
上饶市	31.10	31.10	33.78
赣江新区	0.05	0.05	0.97
全省	238.16	215.33	262.32

表 17　2024 年江西省行政分区万元地区生产总值用水量控制指标完成情况

行政分区	较 2020 年下降率（可比价）/%	2024 年控制指标 /%
南昌市	26.6	13.0
景德镇市	27.1	15.0
萍乡市	23.9	13.6
九江市	15.6	13.6
新余市	18.4	14.0
鹰潭市	26.9	12.0
赣州市	25.6	16.0
吉安市	21.9	17.6
宜春市	24.4	18.4
抚州市	22.4	18.0
上饶市	23.8	17.0
全省	22.0	17.0

表 18　2024 年江西省行政分区万元工业增加值用水量控制指标完成情况

行政分区	较 2020 年下降率 （可比价）/%	2024 年控制指标 /%
南昌市	52.8	13.0
景德镇市	64.2	16.0
萍乡市	48.5	12.0
九江市	23.6	12.8
新余市	47.5	13.0
鹰潭市	70.2	14.0
赣州市	44.2	14.4
吉安市	68.6	13.6
宜春市	58.1	12.8
抚州市	66.3	17.0
上饶市	52.6	14.0
全省	53.9	16.0

表 19　2024 年江西省行政分区非常规水源利用量控制指标完成情况　单位：亿 m³

行政分区	2024 年非常规水源利用量	2024 年控制指标
南昌市	0.33	0.33
景德镇市	0.05	0.05
萍乡市	0.22	0.14
九江市	0.26	0.20
新余市	0.13	0.13
鹰潭市	0.10	0.09
赣州市	1.19	1.14
吉安市	0.21	0.20
宜春市	0.25	0.19
抚州市	0.68	0.67
上饶市	0.25	0.20
全省	3.67	3.36

表 20　2024 年江西省行政分区农田灌溉水有效利用系数控制指标完成情况

行政分区	2024 年农田灌溉水有效利用系数	2024 年控制指标
南昌市	0.548	0.524
景德镇市	0.539	0.519
萍乡市	0.548	0.527
九江市	0.550	0.536
新余市	0.541	0.522
鹰潭市	0.543	0.518
赣州市	0.550	0.525
吉安市	0.546	0.527
宜春市	0.544	0.516
抚州市	0.551	0.528
上饶市	0.549	0.519
全省	0.547	0.526

六、江西省水利十件大事

（一）江西水旱灾害防御取得重大胜利

2024 年，赣江支流锦江、修河发生超历史纪录洪水，鄱阳湖发生有纪录以来第七高位洪水。面对暴雨洪水，江西省先后 3 次启动洪水防御应急响应，发送预警短信 75 万条，发出调度命令 134 份，拦蓄洪量 149 亿 m^3，避免转移 26 万余人。派出专家 43 批次 129 人次，参与指导抢险 400 余处，雨水情监测预报"三道防线"作用发挥，确保无水库垮坝、无堤防决口、无重大人员伤亡、无重要基础设施受冲击，城乡供水有保障。

（二）江西最严格水资源管理（节水）和水权水市场改革持续创新突破

国务院实行最严格水资源管理制度考核，江西 2023 年度再获优秀等次，实现"六连优"，连续两年获得全国第五的历史最好成绩。3 个工业企业、5 个工业园区荣获国家工业企业、工业园区水效领跑者，全省节水载体创建超 0.96 万余个。开展"节水贷"融资服务，累计发放"节水贷"超 6.8 亿元，惠及企业 64 家，最长贷款年限 26 年，单笔最大融资金额 2.61 亿元。截至 2024 年，通过国家和省级交易平台完成水权交易 515 宗，交易水量超 1.8 亿 m^3。江西水资源管理（节约用水）工作和水权水市场改革呈现长江流域领先、南方势头强劲的格局。

（三）江西水网建设全面提速，2024 年水利投资再创新高

2024 年 10 月 22 日，江西省政府首次召开全省水网建设推进会，高规格推动省级水网建设。江西提出"五河一湖汇长江，一环五带联百库"的水网总体布局，并以"一一五二"建"纲"、"五带多灌"织"目"、"百库多点"固"结"。目前，省

级水网先导区 40 个骨干工程开工建设，11 个设区市和 100 个建制县（市、区）水网规划已获批复。283 个增发国债水利项目完成资金支付。全省水利投资达 704 亿元，再创新高。

（四）江西水土保持"颜值变现"开启新路径

为拓宽"绿水青山好颜值"向"金山银山高价值"的转化路径，江西开展水土保持生态产品交易先行先试，探索以小流域水土流失综合治理提升产业价值，以产业收益反哺小流域水土流失治理和乡村振兴的新路径。继 8 月中部首单、全国第二单水土保持碳汇交易落地赣州上犹后，全省多地对接市场需求，开展现场调研，最终年内共 3 类 6 个水土保持生态产品成功完成交易，交易项目和类型数量位列全国第一、交易额列全国第二，为打造国家生态文明建设高地贡献水利力量。

（五）江西"3＋1"农村供水建设管护模式惠及广大群众

江西以学习运用"千万工程"经验为引领，着力聚焦小型分散供水工程整治，创新开展农村供水"千厂树标、万厂整治"专项行动，积极推进城乡供水一体化、农村供水规模化、小型工程规范化和县域统管"3＋1"建设管理模式。完成 3591 处工程整治，压减小散工程 1110 处，压减小散供水人口 50.89 万人。全省农村自来水普及率为 92.93%，规模化供水工程农村人口覆盖率为 78.91%，规模化供水工程覆盖农村人口比例居全国前列，有力提升了农村供水保障水平。

（六）婺源石埭成功申报世界灌溉工程遗产

9 月 3 日，国际灌溉排水委员会第 75 届执行理事会公布，婺源石埭入选世界灌溉工程遗产名录。石埭，即用石头砌筑而成的堰坝和水渠。婺源石埭选址独特、系统设计、精妙技艺，在它的滋润下，农业生产得到长足发展。申遗成功，意味着婺源石埭进入了一个更高水平的起点，静卧千年的婺源石埭，以一种全新姿态苏醒，让人穿越时空、见证传奇，也让江西水利事业焕发新的活力。

（七）江西现代化水库运行管理矩阵先行先试工作取得阶段性成果

江西坚持以现代化水库矩阵建设为重要改革抓手，全力推进"千库树标，万库提质"目标，初步建成功能全覆盖的现代化矩阵平台，基本形成全省水库运行管理矩阵体系，有效提升全省水库运行管理精细化、信息化、现代化水平，有力保障水库工程运行安全，全省水安全得到进一步提升。江西现代化水库运行管理矩阵先行先试工作被水利部作为典型案例在全国宣传推广。

（八）江西水利科技发展进入快车道，创新应用成效显著

2024 年，江西以科研项目为带动，获批省部级以上科研项目 22 项，获省科技进步奖二等奖 2 项、长江科学技术奖二等奖 2 项。以科研平台为依托，5 大科研基地提档升级，鄱阳湖流域生态水文监测研究江西省重点实验室等 3 个省级重点实验室完成优化重组，2 个数字实验室加速建设。以科学普及为抓手，原创科普形象"江小惜"受邀参展第十届世界水论坛，并发布《江小惜的时光旅行》绘本（英文版）。以合作交流为载体，在水利部水利科技工作会议上作交流发言，创造了堤坝隐患探测加固治理"江西经验"。

（九）峡江灌区开工建设，圆满完成增发国债投资和资金支付任务

5 月 20 日，峡江灌区工程开工动员会在峡江县举行。该工程纳入国家"十四五"规划，总投资达 37.04 亿元。开工以来，各参建单位对照时间节点，严格规范抓质量，争分夺秒抓进度，在 11 月底保质保量完成年度投资 5.6 亿元。该工程建成后可保障城乡 22.61 万人用水需求，覆盖灌溉农田面积 67 万亩，对保障粮食生产安全和提高经济作物生产能力具有重要战略意义。

（十）赣抚尾闾综合整治工程赣江南昌枢纽实现泄水闸试运行及船闸通航

赣抚尾闾综合整治工程是建设南昌都市圈的重大民生工程、民心工程。8 月 25 日，赣江南昌枢纽主支船闸通航。9 月 19 日，赣江外洲站水位达到 15.5m（黄海高程），标志着江西迄今投资最多、规模最大的单体水利工程取得阶段性成果。千里赣江新模样，"落霞与孤鹜齐飞，秋水共长天一色"美景再现于秋冬，南昌市"四纵三横"骨干水系呼之欲出。

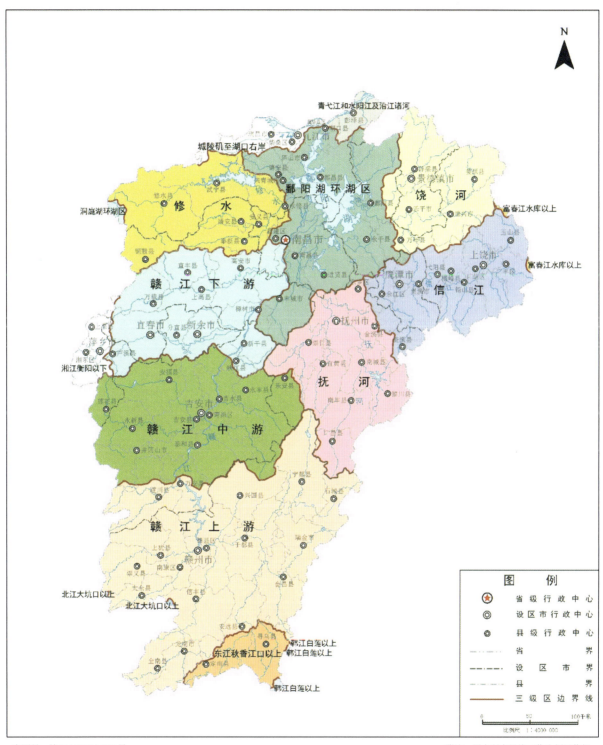

审图号：赣 S（2025）006 号　　　　　　　　　　　　　　　　附注：图内所有界线不作为划界依据

江西省水资源三级区示意图

《江西省水资源公报》编委会

主　　任：许盛丰

副主任：李小强　方少文

成　　员：田承伟　胡　伟　杨永生　汪凤琴　陈　祥

　　　　　向爱农　鲁博文　黎　明　苏立群　刘丽华

　　　　　邹　崴　成静清

《江西省水资源公报》编写单位

江西省水文监测中心

江西省灌溉试验中心站

江西省各流域水文水资源监测中心

《江西省水资源公报》编辑人员

主　　编：戴金华

副主编：何　力　韦　丽

成　　员：陈　芳　余　菁　邓泽宇　吴　智　陈　静

　　　　　仝兴庆　陈宗怡　唐晶晶　周　骏　吴剑英

　　　　　王　会　袁美龄　吴　文　刘　鹂　王时梅

　　　　　孙　璟　占　珊　代银萍　石可寒　邓月萍

　　　　　吴燕萍